BEI GRIN MACHT SICH IHR WISSEN BEZAHLT

- Wir veröffentlichen Ihre Hausarbeit,
  Bachelor- und Masterarbeit

- Ihr eigenes eBook und Buch -
  weltweit in allen wichtigen Shops

- Verdienen Sie an jedem Verkauf

Jetzt bei www.GRIN.com hochladen und kostenlos publizieren

Bibliografische Information der Deutschen Nationalbibliothek:

Die Deutsche Bibliothek verzeichnet diese Publikation in der Deutschen National-bibliografie; detaillierte bibliografische Daten sind im Internet über http://dnb.d-nb.de/ abrufbar.

Impressum:

Copyright © 2017 GRIN Verlag, Open Publishing GmbH
Druck und Bindung: Books on Demand GmbH, Norderstedt Germany
ISBN: 9783668449152

Dieses Buch bei GRIN:

http://www.grin.com/de/e-book/365975/likelihood-basierte-entscheidungstheorie-unter-unsicherheit-das-minimax-prinzip

Claudio Salvati

Likelihood-basierte Entscheidungstheorie unter Unsicherheit. Das Minimax-Prinzip und das Bayes-Prinzip

GRIN Verlag

GRIN - Your knowledge has value

Der GRIN Verlag publiziert seit 1998 wissenschaftliche Arbeiten von Studenten, Hochschullehrern und anderen Akademikern als eBook und gedrucktes Buch. Die Verlagswebsite www.grin.com ist die ideale Plattform zur Veröffentlichung von Hausarbeiten, Abschlussarbeiten, wissenschaftlichen Aufsätzen, Dissertationen und Fachbüchern.

Besuchen Sie uns im Internet:

http://www.grin.com/

http://www.facebook.com/grincom

http://www.twitter.com/grin_com

Ludwig-Maximilians-Universität München
Institut für Statistik

Seminar "Fortgeschrittene Themen der Entscheidungstheorie"
Wintersemester 2016/17

Likelihood-basierte Entscheidungstheorie unter Unsicherheit

Claudio Salvati

26. März 2017

Contents

1 Entscheidungstheorie

Die Entscheidungstheorie ist die Sparte der Statistik, die sich mit der Lösung von Entscheidungsproblemen beschäftigt. Nahezu jeder menschlichen Handlung kann ein Entscheidungsproblem zugrunde gelegt werden, und das beobachtete Verhalten ist die aus der Entscheidungsfindung resultierende Lösung dieses Problems.

Die Entscheidungstheorie kann demzufolge in zwei Bereiche unterteilt werden [Pfohl and Braun, 1981]: Die deskriptive Entscheidungstheorie fokussiert sich auf die Erklärung und Vorhersage von Entscheidungen, die von Individuen oder Gruppen gefällt werden; die normative Entscheidungstheorie dagegen befasst sich mit der Frage, welche die beste Entscheidung für ein bestimmtes Problem ist und wie sie zustande kommen soll, welche Bedingungen gelten, welche Kriterien eingesetzt werden müssen.

Die vorliegende Hausarbeit ordnet sich dem normativen Bereich zu, und zwar dem speziellen Teilbereich der Entscheidungsfindung unter Unsicherheit. Damit ist gemeint, dass keine vollständige Informationen über den Zustand, der eintreffen wird, bekannt sind (Entscheidung unter Sicherheit), dass keine Wahrscheinlichkeiten über das Eintreffen der Zustände vorhanden sind (Entscheidung unter Risiko), sondern dass die Plausibilität der möglichen Zustände zu schätzen ist, zum Beispiel anhand von Erfahrungswerten. Die noch mögliche Alternative, dass gar keine Informationen bekannt sind, wenn also vollständige Unwissenheit herrscht, wird hier, wo es sinnvoll erscheint, besprochen.

In der Literatur werden die Begriffe Unsicherheit und Risiko oft als Synonyme verwendet, wie zum Beispiel in [Etner et al., 2012]. In dieser Arbeit wird davon ausgegangen, dass kein (vollständiges) Wissen über die Wahrscheinlichkeiten des Eintreffens der Zustände vorhanden ist, sodass von Unsicherheit - und nicht von Risiko - die Rede sein wird.

Die vorliegende Arbeit wird zunächst die Grundlagen der Entscheidungstheorie skizzieren, zwei bekannte Verfahren - das Minimax-Prinzip und das Bayes-Prinzip - vorstellen und anhand eines praktischen Beispiels aus der Vorlesung die Vorgehensweise veranschaulichen. Der Fokus liegt allerdings auf einem der Likelihood-Funktion zugrunde liegenden Entscheidungsverfahren: Im Hauptteil werden zunächst die der Likelihood zu Grunde liegende Idee und die Annahmen sowie Eigenschaften der Likelihood-Funktion erläutert und danach Entscheidungsverfahren und ihre Umsetzung eingeführt, die auf ihr basieren.

2 Likelihood-basierte Entscheidungstheorie

2.1 Entscheidungstheorie: Ein Überblick

Die Entscheidungstheorie dient dazu, für ein bestimmtes gegebenes Entscheidungsproblem die optimale Lösung zu bestimmen. Es gibt viele Kriterien, die man auswählen kann und die zu einer Lösung führen können.

Ein Entscheidungsproblem ist folgendermaßen gekennzeichnet:

- Θ ist die Zustandsmenge, die die berücksichtigten Umweltzustände bzw. Szenarien darstellt. Welcher dieser Zustände eintreffen wird, ist nicht bekannt.

- Die Aktionenmenge $\mathcal{A}$ umfasst die Alternativen, die von der entscheidenden Instanz berücksichtigt werden. Wird eine Aktion durchgeführt, so ist diese die Entscheidung, die getroffen wurde - und alle anderen Aktionen können im Rahmen des konkreten Entscheidungsproblems nicht mehr durchgeführt werden.

- Jede Aktion zieht Konsequenzen nach sich, die sich voneinander unterscheiden können. Um die Konsequenzen hinsichtlich ihres Nutzens vergleichen zu können, wird in dieser Arbeit davon ausgegangen, dass ihr Nutzen (bzw. ihr Verlust) numerisch quantifizierbar ist, sodass die Nutzenfunktion $\mathcal{U} : \mathcal{A} \times \Theta \to \mathbb{R}$ bzw. die Verlustfunktion $l : \mathcal{A} \times \Theta \to \mathbb{R}$ existiert.

- $d \in \mathcal{D}$ bezeichnet eine mögliche Entscheidung, dagegen ist δ die optimale Entscheidung nach einem ausgewählten Entscheidungskriterium.

Im Folgenden werden die zwei wichtigsten Verfahren vorgestellt, das Minimax- und das Bayes-Entscheidungskriterium.

2.1.1 Investitionsbeispiel

Das Investitionsbeispiel ist der Vorlesung "Entscheidungstheorie"[1] von Prof. Dr. Thomas Augustin und Christoph Jansen sowie den Folien von Dr. Andrea Wiencierz zum "Likelihood-basierten Entscheiden"[2] entnommen.

Es geht darum, zu bestimmen, welche der zwei möglichen Aktionen die bessere ist, nämlich ob man eine Investition tätigen (a_1) oder sie lieber nicht tätigen (a_2) sollte.
Folgende drei Zustände können eintreten:

- θ_1: Besserung der Konjunktur

- θ_2: Stagnation

- θ_3: Konjunktur fällt

---

[1] Link zu der Vorlesungs-Website: https://tinyurl.com/nyj4yvw .
[2] Link zu den Folien: http://tinyurl.com/jdjgh3g .

Je nach ausgewählter Aktion und eintretendem Zustand kommt es zu einem bestimmten Nutzen, der hier als Gewinn (oder Verlust) quantifiziert ist:

Nutzentabelle

$u(d_i, \theta_i)$	θ_1	θ_2	θ_3
a_1	10000	2000	-15000
a_2	1000	1000	0

Zusätzlich kann die Einschätzung, welcher Zustand eintreten wird, berücksichtigt werden. Diese soll dazu dienen, zusätzliche Informationen über die Entwicklung des Marktes bei der Entscheidungsfindung zu bedenken, um so eine möglichst gute Entscheidung zu treffen.

- x_1: Konjunktur wird voraussichtlich steigen

- x_2: Stagnation wird erwartet

- x_3: Konjunktur wird voraussichtlich fallen

2.1.2 Minimax-Prinzip

Das Minimax-Prinzip strebt an, eine Entscheidung zu finden, die den maximalen Verlust minimiert: Für den Fall, dass der maximale Verlust eintritt, ist die Minimax-Entscheidung die beste unter allen Entscheidungen[3], da sie diesen Verlust minimiert, das heißt

$$\delta_M = \min_d \ (\max_\theta L(\theta, d));$$

oder anders ausgedrückt, δ_M ist eine Minimax-Entscheidung, wenn gilt:

$$\sup_{\theta \in \Theta} L(\theta, \delta_M) = \inf_{\delta_M} \sup_{\theta \in \Theta} L(\theta, \delta_M).$$

Betrachtet man nun das Investitionsbeispiel aus 2.1.1, so ist der maximale Verlust bei einer getätigten Investition $L(\theta, a_1) = 15000$ und bei einer Nicht-Tätigung $L(\theta, a_2) = 0$. Das Minimum von den zwei Werten ist 0, also ist die Minimax-Entscheidung für das Investitionsbeispiel $\delta_M = a_2$. Die Handlungsempfehlung lautet somit, keine Investition zu tätigen. Insofern ist das Minimax-Prinzip sehr konservativ und pessimistisch, was die Lösung des Entscheidungsproblems angeht.

---

[3]Sind zwei oder mehrere Entscheidungen diesbezüglich gleich, so kann man das Leximin-Prinzip anwenden, das den zweithöchsten Verlust - und so weiter, bis sich die Aktionen hinsichtlich eines Verlustes unterscheiden - der möglichen Aktionen berücksichtigt [Barbarà and Jackson, 1988].

5

2.1.3 Bayes-Entscheidung

Das Minimax-Prinzip gewichtet, wie aus der obigen Formel hervorgeht, alle möglichen Zustände $\theta \in \Theta$ gleich. Es wird also nicht berücksichtigt, ob ein Zustand unwahrscheinlicher ist als ein anderer. Dieses Manko wird vom Bayes-Prinzip behoben, indem die A-Priori-Wahrscheinlichkeit der verschiedenen Zustände mitberücksichtigt wird.

Es wird ein Posteriori-Verlust (auch erwarteter Verlust genannt) berechnet, der sich aus dem Verlust $L(\theta, d)$ und dessen Wahrscheinlichkeit $\pi(\theta)$ zusammensetzt:

$$B(d) = \int_{\theta}^{\Theta} L(\theta, d) \cdot \pi(\theta) \; \mathrm{d}\theta = E(L(\theta, d)).$$

Die Bayes'sche Entscheidung ist dann diejenige, die den erwarteten Verlust $E(L(\theta, d))$ minimiert:

$$\delta_B = \min_d E(L(\theta, d)).$$

Wendet man die Bayes'sche Entscheidungsregel auf das Beispiel aus 2.1.1 an, so muss man erst eine A-Priori-Wahrscheinlichkeit festlegen, sei es auf der Basis subjektiver Erfahrungen oder vorab durchgeführter Messungen. Für das Beispiel sei angenommen, dass $P(\theta_1) = 0.5$, $P(\theta_2) = 0.3$, $P(\theta_1) = 0.2$. Der erwartete Verlust [4] unter a_1 und a_2 ist:

$$B(a_1) = \sum_{i=1}^{3} L(\theta_i, a_1) \cdot P(\theta_i) = -2600$$
$$B(a_2) = \sum_{i=1}^{3} L(\theta_i, a_2) \cdot P(\theta_i) = -800$$

Die Bayes'sche Entscheidungsregel lautet dann $\delta_B = a_1$, da $a_1 < a_2$. Bei den gegebenen A-Priori-Wahrscheinlichkeiten würde man sich also für eine Investition entscheiden.

2.1.4 Risikofunktion

Die obigen Entscheidungen galten im datenfreien Fall. Liegen Daten vor, so wird statt der Verlustfunktion die Risikofunktion herangezogen, die folgendermaßen lautet:

$$R(\theta, d) = E_\theta[L(\theta, d(X))] = \int_{\mathcal{X}} L(\theta, d(\mathbf{x})) f(\mathbf{x}|\theta) \; d\mathbf{x}$$

mit Zufallsvariable X vor Beobachtung der Daten und $\mathbf{x} = (x_1, \dots, x_n)$ deren Realisation für den Fall ihrer Berücksichtigung.

In dem Investitionsbeispiel ändert sich die Minimax-Entscheidungsregel nicht: Da es sowohl für a_1 als auch für a_2 einen θ_3 gibt, der in beiden Entscheidungsfällen zu einem Verlust führt, bleibt die beste Entscheidung bei jedem x_i immer a_2. Somit ist die Entscheidungsregel $\delta_M(X = \mathbf{x}) = (a_2, a_2, a_2) = \delta_8$ (siehe 2.1.1). Dagegen ist die optimale Lösung nach Bayes $\delta_B(X = \mathbf{x}) = (a_1, a_1, a_2) = \delta_2$. Das heißt, dass bei gegebenem $X = x_3$ die beste Entscheidung nicht mehr a_1 ist, wie im datenfreien Fall, sondern a_2 (siehe 3.3).

---

[4] Die ausführlichen Berechnungen finden sich in 3.2

2.2 Das Likelihood-Konzept

2.2.1 Likelihood-Prinzip[5]

Das Likelihood-Konzept hat eine wesentliche Bedeutung in der Statistik und ist seit Fisher's Maximum Likelihood [Fisher, 1922] eins der meistbenutzten Verfahren, um bei gegebenen beobachteten Daten Informationen über die Parameter eines vorgegebenen Modells zu finden.

Definition 1. *Likelihood-Funktion:*

Sei $f(\mathbf{x}|\theta)$ Dichte- bzw. Wahrscheinlichkeitsfunktion der Realisation $\mathbf{x} = (x_1, \ldots, x_n)$, mit $i = 1, \ldots, n$, der Zufallsvariable X[6]. Die Funktion von dem Parametervektor θ

$$lik(\theta|\mathbf{x}) = f(\mathbf{x}|\theta)$$

heißt Likelihood-Funktion mit $\theta \in \Theta$, wobei Θ der Parameterraum ist.[7]

Die Likelihood-Funktion kann als die Plausibilitätsfunktion für die beobachteten Daten in Form einer Funktion von θ aufgefasst werden. Ist $\mathbf{X}$ ein zufälliger diskreter Vektor, so ist $lik(\theta|\mathbf{x}) = P_\theta(\mathbf{X} = \mathbf{x})$. Vergleicht man mehrere Parameter und ist zum Beispiel

$$P_{\theta_1}(\mathbf{X} = \mathbf{x}) = lik(\theta_1|\mathbf{x}) > P_{\theta_2}(\mathbf{X} = \mathbf{x}) = lik(\theta_2|\mathbf{x}),$$

so ist es bei den gegebenen Daten $\mathbf{X}=\mathbf{x}$ plausibler, dass der wahre Parameter $\theta_0 = \theta_1$ ist statt $\theta_0 = \theta_2$. [8].

Definition 2. *Starkes Likelihood-Prinzip:*

Gibt es zwei Stichproben $\mathbf{x}$ und $\mathbf{y}$, für die gilt, dass die jeweiligen Likelihood-Funktionen $lik(\theta|\mathbf{x})$ und $lik(\theta|\mathbf{y})$ proportional zueinander sind, will sagen, es gibt einen konstanten Wert $C(\mathbf{x}, \mathbf{y})$, der von θ unabhängig ist, sodass

$$lik(\theta|\mathbf{x}) = C(\mathbf{x}, \mathbf{y}) \cdot lik(\theta|\mathbf{y}) \text{ für alle } \theta$$

dann sollen die Schlüsse, die aus $\mathbf{x}$ und $\mathbf{y}$ gezogen werden, gleich sein. Ist $C(\mathbf{x}, \mathbf{y}) = 1$, so liefern beide Stichproben die gleichen Informationen hinsichtich θ; ist $C(\mathbf{x}, \mathbf{y}) \neq 1$, und man spricht von einem äquivalenten Informationsgehalt hinsichtlich θ. Stammen $\mathbf{x}$ und $\mathbf{y}$ aus der gleichen Stichprobe, so liegt das schwache Likelihood-Prinzip vor.

Das Likelihood-Prinzip kann aus zwei anderen bekannten Prinzipien hergeleitet werden [Birnbaum, 1962]: Dem Suffizienz-Prinzip und dem Konditional-Prinzip.

---

[5]Alle Definitionen , Theoreme und Formeln in 2.2 stammen, sofern nicht anders gekennzeichnet, aus [Casella and Berger, 2002, S. 290-296].

[6]Oder der Zufallsvariablen $\mathbf{X} = (X_1, \ldots, X_n)$ mit $i = 1, \ldots, n$, die als Tupel aufgefasst werden, deren Verteilung nicht (vollständig) bekannt ist. Hat jede Variable X_i dieselbe Verteilung, so sind diese *identisch verteilt*; sind sie voneinander unabhängig, nennt man die Stichprobe *unabhängig*. Eine Stichprobe, für die beide Eigenschaften gelten, nennt man *iid* (Englisch für *independent identically distributed*). Die Menge aller möglichen Realisationen, der Stichprobenraum, wird mit $\mathcal{X}$ bezeichnet.

[7]Der Unterschied zwischen beiden Funktionen liegt darin, dass für $f(\mathbf{x}|\theta)$ angenommen wird, dass θ einen festen Wert annimmt und $\mathbf{x}$ die Variable ist. Umgekehrt ist in $lik(\theta|\mathbf{x})$ $\mathbf{x}$ der feste Parameter und θ der schwankende Wert.

[8]Ist zum Beispiel $lik(\theta_1|\mathbf{x}) = 2 \cdot lik(\theta_2|\mathbf{x})$, so heißt es, dass θ_1 doppelt so plausibel ist wie θ_2.

7

Suffizienz-Prinzip: Nicht alle Informationen, die in einer Stichprobe enthalten sind, sind entscheidend, sondern nur einen Teil davon. Eine Funktion T, die alle relevanten Informationen aus der beobachteten Stichprobe extrahiert, nennt man suffizient. Laut Birnbaum ist eine Statistik T suffizient, wenn die Evidenz ("evidential meaning")[9], die in einer Stichprobe X steckt, genau die gleiche ist, die von $T(X)$ wiedergegeben wird [Birnbaum, 1962, S.270]. Das bedeutet, dass bei Kenntnis von $T(X)$ die Kenntnis von X, also der Stichprobe, keine zusätzlichen Informationen in Bezug auf die Evidenz bringt. Daraus folgt, dass die bedingte Verteilung der Stichprobe gegeben eine auf ihr basierende suffiziente Statistik von der Evidenz der Stichprobe unabhängig ist.

Konditional-Prinzip: Das Konditional-Prinzip besagt, dass im Falle eines Experiments E, das mathematisch äquivalent zu mehreren Teilexperimenten E_h ist, die statistische Evidenz der durchgeführten Teilexperimente gleich der Evidenz des (Gesamt-)Experiments E ist [Birnbaum, 1962, S.271]. Das heißt, bei gegebenen beobachteten Daten $\mathbf{x}$ hängt die Information über die statistische Evidenz nur von dem durchgeführten Experiment ab, also von den beobachteten Daten und nicht von der Art und Weise der Durchführung des Experiments [Casella and Berger, 2002, S.293]. Betrachten wir also θ, den Vektor der Verteilungsparameter, als Evidenz des Experiments, und besteht das Experiment aus zwei Stichproben $E = (U, V)$ mit der Verteilung von V unabhängig von θ, also $f(V = v|\theta) = f(V = v)$, dann folgt aus dem Konditional-Prinzip, dass eine Beobachtung $t = (u, v)$ von $T = (U, V)$ zu denselben Schlüssen auf θ führt, unabhängig davon, ob sie eine Beobachtung aus der Familie der Verteilungen von T oder von U ist - sofern $V = v$ [Rüger, 1999, S.129f].

2.2.2 Maximum Likelihood

Das Maximum Likelihood-Verfahren ist eins der meistbenutzten statistischen Verfahren, um Parameter zu schätzen und Hypothesen zu testen. Gründe für die Beliebtheit der Maximum Likelihood sind die Eigenschaften[10] der Schätzer unter schwachen Annahmen.

Definition 3. *Maximum Likelihood:*

Sei $f(\mathbf{X}|\theta_1, \ldots, \theta_k)$ Dichte- bzw. Wahrscheinlichkeitsfunktion der beobachteten Stichprobe $\mathbf{X} = (X_1, \ldots, X_n)$ mit Realisation $\mathbf{x} = (x_1, \ldots, x_n)$. Die Likelihood-Funktion wird definiert duch

$$lik(\theta|\mathbf{x}) = lik(\theta_1, \ldots, \theta_k|x_1, \ldots, x_n) = \prod_{i=1}^{n} f(x_i|\theta_1, \ldots, \theta_k)$$

Für jede Realisation $\mathbf{x}$ sei $\hat{\theta}(\mathbf{x})$ der Wert des Parameters, bei dem das Maximum der Likelihood-Funktion $lik(\theta|\mathbf{x})$ erreicht wird. $\hat{\theta}(\mathbf{X})$ ist hierbei Maximum Likelihood-Schätzer

---

[9]Birnbaum bezeichnet die Evidenz mit $Ev(E, X)$ und sie charakterisiert die wesentlichen Eigenschaften, die aus dem Experiment gegeben den beobachteten Daten resultieren. Dabei kann es sich um Schlüsse über die Verteilungsparameter θ handeln [Casella and Berger, 2002, S.292].

[10](Konsistenz, asymptotische Unverzertheit und Effizienz; mehr dazu im nächsten Abschnitt 2.2.3)

des wahren Parameters θ_0 basierend auf der Stichprobe $\mathbf{X}$, das heißt, dass der geschätzte Parameter der wahrscheinlichste ist in Anbetracht der beobachteten Stichprobe.

Die Suche nach dem Maximum der Likelihood-Funktion erfolgt durch die Transformation der Likelihood-Funktion in die Log-Likelihood-Funktion mittels natürlichem Logarithmus:

$$loglik(\theta) = \log lik(\theta) = \sum_{i=1}^{n} \log f(\mathbf{X}|\theta).$$

Wegen der Monotonie der Logarithmusfunktion gilt hier $\hat{\theta} = \arg\max_{\theta \in \Theta} loglik(\theta)$, dass das Maximum von $lik(\theta)$ der Maximum Likelihood-Schätzer $\hat{\theta}(\mathbf{X})$ ist.

Ist die (log-)Likelihood-Funktion differenzierbar in θ, so kann man die Ableitung davon berechnen und nullsetzen, um mögliche Kandidaten für θ zu finden. Diese Ableitung nennt man Score-Funktion:

$$s(\theta|\mathbf{x}) = \frac{\partial}{\partial \theta} lik(\theta|\mathbf{x}) \overset{!}{=} 0.$$

Wird die Score-Funktion abgeleitet und ihr Vorzeichen getauscht, so resultiert daraus die Fisher-Information, die in beobachtete und erwartete Fisher-Information unterschieden wird. Die beobachtete Fisher-Information lautet

$$J(\theta|\mathbf{x}) = -\frac{\partial}{\partial \theta} s(\theta|\mathbf{x}) = -\frac{\partial^2}{\partial^2 \theta} lik(\theta|\mathbf{x})$$

und basiert auf den beobachteten Daten. Dagegen beruht die erwartete Fisher-Information auf dem Erwartungswert der Stichprobe:

$$I_X(\theta) = E_\theta[J(\theta|\mathbf{x})].$$

Unter Fisher-Regularitätannahmen [Rüger, 1999, S.92] gilt außerdem:

$$E_\theta[s(\theta|\mathbf{x})] = 0 \text{ und } E_\theta[J(\theta|\mathbf{x})] = Cov_\theta(s(\theta|\mathbf{x})).$$

2.2.3 Annahmen und Eigenschaften

Unter folgenden Annahmen[11] behalten die Schätzer des Maximum Likelihood-Verfahrens ihre vorteilhaften Eigenschaften.

Annahme 1. *Kompaktheit:*

Der Parameterraum $\Theta \subset \mathbb{R}^p$ ist endlichdimensional und besitzt eine euklidische Norm. Ist Θ nämlich nicht beschränkt, so führt jede Schätzung zu einem nicht eindeutigen Maximum ($+\infty$) und demzufolge kann kein Maximum Likelihood-Schätzer berechnet werden [Neyman and Scott, 1948].

---

[11]Sie sind aus [Monahan, 2011, S.200f] entnommen.

Annahme 2. *Identifizierbarkeit:*

Der Parameter θ ist eindeutig bestimmt, das heißt, für jeden Schätzer $\theta_1 \neq \theta_2$ existiert ein $A \subset \mathbb{R}$, sodass $P(\mathbf{X} \in A | \theta = \theta_1) \neq P(\mathbf{X} \in A | \theta = \theta_2)$.

Annahme 3. *Beschränktheit:*

$E_\theta[|\log f(\mathbf{X}|\theta)|] < \infty$, das heißt, es existiert ein Maximum für die log-Likelihood-Funktion.

Annahme 4. *Stetigkeit:*

Die Dichte ist stetig in θ, das heißt: $\lim\limits_{\theta_i \to \theta_0} f(\mathbf{x}|\theta_i) = f(\mathbf{x}|\theta_0)$.

Unter diesen Annahmen weisen die Maximum Likelihood-Schätzer folgende nützlichen asymptotischen Eigenschaften auf, die zur Beliebtheit der Maximum Likelihood-Methode führen.

Eigenschaft 1. *Konsistenz:*

Der Schätzer $\hat{\theta}_n = \hat{\theta}(X_1, \ldots, X_n)$ ist konsistent, wenn für alle $\theta \in \Theta$ gilt, dass $\lim \hat{\theta} = \theta_0$. Das heißt, mit zunehmender Größe der Stichprobe wird der Schätzer $\hat{\theta}$ dem wahren Parameter θ_0 mit großer Wahrscheinlichkeit nahe sein. Dabei werden hier zwei Arten von Konsistenz unterschieden:

$\hat{\theta}_n$ heißt schwach konsistent, wenn $\hat{\theta}_n$ stochastisch gegen θ_0 konvergiert:

$$\hat{\theta}_n \xrightarrow{\text{P}} \theta_0 \iff \lim\limits_{n \to \infty} P_\theta(|\hat{\theta}_n - \theta_0| > \varepsilon) = 0 \text{ für alle } \varepsilon > 0.$$

Für die starke Konsistenz[12] gilt, dass $\hat{\theta}_n$ fast sicher gegen θ_0 konvergiert:

$$\hat{\theta}_n \xrightarrow{f.s.} \theta_0 \iff P_\theta(\lim\limits_{n \to \infty} |\hat{\theta}_n - \theta_0| = 0) = 1.$$

Die Konvergenz ist eine sehr nützliche Eigenschaft, die es erlaubt, bei großen Stichproben Schlüsse von $\hat{\theta}$ auf θ_0 zu ziehen. Die Maximum Likelihood-Schätzer sind stark konsistent für einen endlichen Parameterraum Θ [Huzurbazar, 1947].

Eigenschaft 2. *Normalität:*

Maximum Likelihood-Schätzer sind asymptotisch normalverteilt:

$$\hat{\theta} \overset{a}{\sim} N(\theta_0, (n \cdot I(\theta_0))^{-1}).$$

Oder anders formuliert:

$$\sqrt{n}(\hat{\theta} - \theta_0) \xrightarrow{d} N\left(0, (I(\theta)^{-1})\right),$$

---

[12]Starke Konvergenz impliziert sowohl schwache Konvergenz als auch Konvergenz in Verteilung.

wobei $I(\theta)$ die erwartete Fisher-Informationsmatrix ist. Diese Eigenschaft führt dazu, dass für θ nicht nur ein Punktschätzer, sondern auch ein Streuungsmaß (hier mit Varianz $n \cdot I(\theta))^{-1}$) berechnet wird, sodass auch ein Konfidenzintervall angegeben werden kann, das die Genauigkeit der Schätzung quantifiziert.

Eigenschaft 3. *Invarianz:*

Sei die Verteilung von $\mathbf{X} = (X_1, \ldots, X_n)$ abhängig von τ, eine eindeutige Transformation von θ, das heißt $\tau = h(\theta)$ bzw. $\theta = h^{-1}(\tau)$. Dann gilt für die Likelihood-Funktion von τ.

$$lik(\theta) = lik(h^{-1}(\tau)) = \tilde{lik}(\tau).$$

Durch Einsetzen von $\hat{\theta}$ in $h(\theta)$ erhält man den Maximum Likelihood-Schätzer für τ, sodass $\hat{\tau}_{ML} = h(\hat{\theta}_{ML})$ [Held, 2008, S.25]. In der Praxis ist diese Eigenschaft von Vorteil, wenn man verschiedene (Lage- oder) Streuungsmaße untersucht, die durch eindeutige Transformationen auf das gleiche ursprüngliche Maß zurückgeführt werden: Der Maximum Likelihood-Schätzer der jeweiligen Maße ist für alle Maße der gleiche, sobald die Transformationsfunktion darauf angewendet wird[13].

2.3 Likelihood-basierte Entscheidungskriterien

2.3.1 MPL-Kriterium

2.3.1.1 Definition Im Folgenden wird das Minimax-plausibilitätsgewichtete Verlust-Kriterium (*minimax plausibility-weighted loss* im Englischen, abgekürzt MPL) ausführlich vorgestellt, das von Marco Cattaneo [Cattaneo, 2005] eingeführt wurde und einer der vielversprechendsten Ansätze für likelihood-basiertes Entscheiden darstellt.

Um das Konzept eines likelihood-basierten Entscheidungskriteriums auszulegen, wird als erstes die Entscheidungssituation definiert: Sei $(\Omega, \mathcal{F})$ ein Messraum und P_θ der Wahrscheinlichkeitsmaß für $(\Omega, \mathcal{F})$ für alle $\theta \in \Theta$, $\Theta \neq \emptyset$. Das statistische Modell ist gegeben durch $\{P_\theta : \theta \in \Theta\}$. Weiterhin sei Λ ein Funktionenraum $\lambda : \Theta \to [0,1]$, sodass $\sup_{\theta \in \Theta} \lambda(\theta) = 1$, mit $\lambda(\theta)$ als relative Likelihood von θ[14]. Diese Normierung erlaubt einen Vergleich zwischen den Likelihood-Funktionen der verschiedenen Schätzer, da die eigentliche Likelihood-Funktion keine obere Schranke hat. Existiert ein $\theta \in \Theta$, für das gilt: $\lambda(\theta) = 1$, so handelt es sich um den Maximum Likelihood-Schätzer $\hat{\theta}$ aus 2.2.2. Falls $P_\theta\{X = x\} > 0$ für einige $\theta \in \Theta$, dann wird die Likelihood-Funktion bei gegebenem $X = x$ mit λ_x bezeichnet. Wenn mehrere Zufallsvariablen betrachtet werden, zum Beispiel X_1, X_2, die

---

[13]Die Streuung der Schätzer kann ebenfalls berechnet werden, wenn man die Transformationsfunktion kennt; dazu wird die Delta-Regel angewendet [Held, 2008, S.62]

[14]Dafür muss gelten, dass es ein Ereignis $A \in \mathcal{F}$ gibt, für das gilt: $P_\theta(A) > 0$ für manche $\theta \in \Theta$; dann ist $\lambda \in \Lambda$ die relative Likelihood-Funktion gegeben A, sodass $\lambda(\theta) \propto P_\theta(A)$. Die genau Definition lautet: $\lambda(\theta) = \dfrac{lik(\theta)}{lik(\hat{\theta})}$ mit $0 \leq \lambda(\theta) \leq 1$ und $\lambda(\hat{\theta}) = 1$ [Held and Bové, 2014].

unabhängig sind für alle $\theta \in \Theta$, dann lautet die gemeinsame Likelihood-Funktion bei gegebenem $(X_1, X_2) = (\mathbf{x}_1, \mathbf{x}_2)$:

$$\lambda_{(x_1, x_2)}(\theta) \propto \lambda_{x_1}(\theta) \cdot \lambda_{x_2}(\theta).$$

A-priori-Wissen über die Unsicherheit kann als Likelihood-Funktion λ_{x_1} in die gemeinsame Funktion integriert werden, unabhängig davon, ob die Realisation von X_1 tatsächlich beobachtet wurde oder auf subjektivem Empfinden basiert; vollständige Unwissenheit über die Parameter $\theta \in \Theta$ wird durch eine A-Priori-Likelihood mit einem konstanten Wert zum Ausdruck gebracht. Im vorangegangenen Beispiel kann die Funktion λ_{x_1} zu der Posteriori-Likelihood $\lambda_{(x_1, x_2)}$ aktualisiert werden, sobald $X_2 = \mathbf{x}_2$ beobachtet wird [Cattaneo, 2012].

Für das Entscheidungsproblem wird außerdem noch die Verlustfunktion $L : \Theta \times \mathcal{D} \to \mathbb{R}_{\geq 0}$ definiert, mit der nicht-leeren Menge aller möglichen Entscheidungen $\mathcal{D}$, aus denen mindestens eine Entscheidung ausgewählt werden muss. Für jede Entscheidung d, wenn P_θ der richtige Wahrscheinlichkeitsmaß ist, gibt es einen Verlust $L(\theta, d)$. Sei außerdem $\mathcal{L}$ der Funktionsraum von $l : \Theta \to \mathbb{R}_{\geq 0}$; jede Entscheidung $d \in \mathcal{D}$ wird einer Verlustfunktion $l_d \in \mathcal{L}$ zugeordnet, sodass $l_d(\theta) = L(\theta, d)$ für alle $(\theta, d) \in \Theta$. Es soll also eine oder mehrere Funktionen l aus $\{l_d : d \in \mathcal{D}\} \subseteq \mathcal{L}$ geben[15].

Werden nun die Verluste mit der Likelihood-Funktion gewichtet und anschließend Entscheidungen anhand des Minimax-Prinzips ausgewählt, bekommt man das von Cattaneo eingeführte Minimax-Plausibilitätskriterium [Cattaneo, 2005]. Das Funktional, das minimiert werden soll, lautet:

$$V_{MPL, \alpha} : (l, \lambda) \to \sup_{\theta \in \Theta} L(\theta, d) \cdot \lambda(\theta)^\alpha \quad \text{mit } \alpha \in \mathbb{R}_{>0}.$$

Dabei dient α dazu, die Likelihood-Komponente des MPL schwächer oder stärker als die Verlustfunktion zu betonen. Ein Wert von 0 würde dazu führen, dass die Likelihood ignoriert wird (als hätte man keine Daten beobachtet[16]), der umgekehrte Fall, $\alpha \to \infty$, dazu, dass der Verlust kaum noch berücksichtigt wird. Wählt man für α den Wert 1, so wird die Analogie zur Bayes-Entscheidung deutlich: Das Integral[17] wird hier ersetzt durch das Supremum nach θ, und die Likelihood ersetzt die A-Priori-Wahrscheinlichkeit für θ [Cattaneo, 2012, S.7]. Hierbei hat in der obigen Gleichung die Likelihood-Komponente genauso viel Gewicht wie die Verlustfunktion[18].

---

[15]Dabei können mehrere Entscheidungen $d \in \mathcal{D}$ zur gleichen Funktion l führen, diese sind dann auch äquivalent aus dem Gesichtspunkt des Entscheidungsproblems.

[16]In diesem Fall würde die Likelihood einen konstanten Wert über alle $\theta \in \Theta$ haben, sodass man die Entscheigung letzten Endes nur von den Verlusten abhängt; in diesem Fall würde das MPL- dem Minimax-Kriterium entsprechen.

[17]Siehe dazu 2.1.3

[18]Der Übersichtlichkeit halber wird im Folgenden von einem $\alpha = 1$ ausgegangen, sodass man auf die Darstellung von α verzichtet werden kann.

Im Folgenden wird die MPL-Entscheidung für das Beispiel aus 2.1.1 berechnet (mit $\alpha = 1$):

$$V_{MPL}(a_1|X = x_1) = \sum_{i=1}^{3} L(\theta_i, a_1(x_i)) \cdot \lambda_{x_1}(\theta_i) = -8110$$
$$V_{MPL}(a_2|X = x_1) = \sum_{i=1}^{3} L(\theta_i, a_1(x_i)) \cdot \lambda_{x_1}(\theta_i) = -1330$$

Das Minimum von $(V_{MPL,\alpha=1}(a_1|X = x_1), V_{MPL,\alpha=1}(a_2|X = x_1))$ ist $V_{MPL}(a_1|X = x_1)$, somit ist a_1 die optimale Entscheidung bei $X = x_1$. Bei $X = x_2$ ist die beste Entscheidung a_2, da $\min\{V_{MPL}(a_1|X = x_2), V_{MPL}(a_2|X = x_2)\} = V_{MPL}(a_2|X = x_2)$. Im Falle von $X = X_3$ gilt auch hier a_2 als die optimale Entscheidung, denn das Minimum von $\{V_{MPL}(a_1|X = x_3), V_{MPL}(a_2|X = x_3)\}$ ist $V_{MPL}(a_2|X = x_2)$ [19]. Somit ist die MPL-Entscheidungsregel $\delta_4 = (a_1, a_2, a_2)$.

2.3.1.2 Eigenschaften[20]
Das MPL-Kriterium weist folgende nützliche Eigenschaften auf:

Eigenschaft 1. *Konsistenz:*

Seien X_n n Zufallsvariablen mit $n \in \mathbb{N}$ und beschreibe $L : \Theta \times \mathcal{D}$ ein Entscheidungsproblem. Eine Reihe von Entscheidungsfunktionen $\delta_n : \mathcal{X}_1 \times \cdots \times \mathcal{X}_n \to \mathcal{D}$ mit $n \in \mathbb{N}$ ist (stark) konsistent in $\theta_0 \in \Theta$, wenn für

$$\lim_{n \to \infty} L(\theta_0, \delta_n(X_1, \ldots, X_n)) = \inf_{d \in \mathcal{D}} L(\theta_0, d)$$

P_{θ_0} fast sicher gilt. Ist P_{θ_0} das richtige Wahrscheinlichkeitsmaß, dann minimiert die Entscheidungsregel $\delta_n(X_1, \ldots, X_n)$ die Verluste (fast sicher) [Cattaneo, 2012, S.11f]. Für $\lim_{n \to \infty} V(\ell, \delta_n(X_1, \ldots, X_n)) = \ell(\theta_0)$ soll P_{θ_0} fast sicher gelten, wenn die Funktion $\ell \in \mathcal{L}$ beschränkt ist und Θ hat eine Topologie, sodass ℓ in θ_0 stetig ist und die Likelihood sich an dem Punkt θ_0 konzentriert [Cattaneo, 2012, S.12f]. Dann ist δ_n konsistent in θ_0, das heißt, dass bei steigendem n die Entscheidungsregel immer besser wird.

Eigenschaft 2. *Invarianz:*

Sei X eine Zufallsvariable mit eindeutig definierter Likelihood-Funktion $\lambda_x \in \Lambda$ für alle Realisationen $\mathbf{x}$ und beschreibe $L : \Theta \times \mathcal{D}$ ein Entscheidungsproblem. Das Likelihood-Entscheidungskriterium resultiert darin, dass $V_{MPL}(\ell_d, \lambda_x)$ über alle Entscheidungen $d \in \mathcal{D}$ minimiert werden muss. Gibt es eine eindeutige Lösung $\delta(x)$ für alle möglichen Realisationen von $\mathbf{x}$, so ist auch die Likelihood-Entscheidungsfunktion $\delta : X = \mathbf{x} \to \mathcal{D}$ eindeutig definiert. Überdies behält das MPL-Kriterium die Invarianzeigenschaft, die dem Likelihood-Prinzip zugrunde liegt (siehe 2.2.3): Ist $s(X)$ eine suffiziente Statistik für θ, dann gilt, dass die Likelihood von x der von x' entspricht für alle $x, x' \in \mathcal{X}$, da $s(x) = s(x')$ und $\lambda_x = \lambda_{x'}$. Außerdem ist das Kriterium invariant bzgl. der

---

[19]Die durchgeführten Berechnungen sind in 3.4 zu finden.
[20]Die folgenden Eigenschaften sind [Cattaneo, 2012, S.9f] entnommen.

Parametrisierung: Sei $b : \Theta \to \Theta$ bijektiv und führe es zur Reparametrisierung des Modells, da $b(\vartheta) = \theta$, sodass $\theta \in \Theta$ durch $\vartheta \in \Theta$ ersetzt wird. So lautet die Likelihood für $X = x$ nach der Reparametrisierung $\lambda_x \circ b$ und das Entscheidungsproblem $(\vartheta, d) \to L(b(\vartheta), d)$. Daraus folgt, dass die Entscheidungsfunktion δ invariant gegenüber einer Reparametrisierung ist [Cattaneo, 2012, S.9].

Eigenschaft 3. *Effizienz:*

Sei X_n eine Reihe von unabhängigen und identisch verteilten Zufallsvariablen mit $n \in \mathbb{N}$ und $\mathcal{X}_n = \mathcal{X}$, die aus einer regulären Exponentialfamilie mit natürlichem Parameterraum $\Theta \subseteq \mathbb{R}^k$ stammen. Weiterhin sei die Verlustfunktion $L : (\Theta, d) \to |\theta - d|^\gamma$ mit $\mathcal{D} = \Theta$ und $\gamma \in \mathbb{R}_{>0}$. Wenn die Funktionenreihe $\delta_n : \mathcal{X}_n \to \Theta$ ($n \in \mathbb{N}$) nach dem MPL-Kriterium optimal ist, dann ist sie asymptotisch effizient[21].

Das MPL-Kriterium bietet neben den bereits erwähnten Eigenschaften den Vorteil, dass es auf sehr einfache Art und Weise die Likelihood-Funktion mit der Verlustfunktion verbindet und dies ohne die Notwendigkeit, die Likelihood-Funktion zu transformieren, was zu einer Einschränkung oder gar einem Verlust der besagten Eigenschaften führen würde [Cattaneo, 2007, S.23].

2.4 Andere Verfahren

Im Weiteren werden zwei alternative Entscheidungskriterien vorgestellt, die - wie das MPL-Kriterium - ebenfalls der Feder Cattaneos entspringen [Cattaneo, 2013]. Diese Verfahren werden zur besseren Einordnung in die Entscheidungstheorie mit dem MPL-Kriterium und sowohl dem Minimax als auch dem Bayes-Verfahren verglichen. Anschließend wird der Ansatz von Giang und Shenoy [Giang and Shenoy, 2005] präsentiert, die einen etwas anderen Weg vorschlagen, wie man die Likelihood in die Entscheidungstheorie einbinden kann.

2.4.1 LRM (Likelihood-based Region Minimax)

Das Likelihood-based Region Minimax entspringt der Überlegung, das Minimax- Entscheidungskriterium nur auf die statistischen Modelle anzuwenden, deren relative Likelihood sich in einem bestimmten Intervall befindet und größer als der Schwellenwert $\beta \in [0, 1]$ ist. Das bedeutet, dass nur die plausibleren Modelle berücksichtigt werden, die einen relative Likelihood-Wert größer als β aufweisen und näher an dem Wert der Maximum Likelihood-Funktion sind, während diejenigen, die anhand der Daten als nicht plausibel genug eingestuft werden, ignoriert werden. Daraufhin wird auf die betrachteten Likelihood-Funktionen das Minimax-Kriterium angewendet; aus diesem Grund ist von einem lokalen Minimax die Rede.

Das Funktional, das minimiert werden soll, nimmt dann folgende Form an:

---

[21]Dies ist unter anderem auf die asymptotische Normalität der Maximum Likelihood-Schätzer (siehe Abschnitt 2.2.3) zurückzuführen; der Beweis dafür findet sich in [Cattaneo, 2012, S.18f].

$$V_{LRM,\beta} : (\ell, \lambda) \to \sup_{\theta \in \Theta \ : \ \lambda(\theta) > \beta} \ell(\theta).$$

Dieses Kriterium besitzt ähnliche asymptotische Eigenschaften wie das MPL-Kriterium, allerdings teilt es nicht alle Vorteile davon: Die Auswahl des Schwellenwertes β ist willkürlich und schwer zu treffen [Cattaneo, 2007, S.21]. Das LRM-Kriterium führt außerdem nur dann zu einer eindeutigen Entscheidungsregel δ, wenn der β-Wert groß genug ist, deswegen kann es nicht als eine Generalisierung der Maximum Likelihood-Schätzung betrachtet werden [Cattaneo, 2013, S.2931].

2.4.2 MLD (Maximum Likelihood Decision)

Aus dem LRM ergibt sich das Maximum Likelihood-Entscheidungskriterium, wenn man β Richtung 1 gehen lässt, wenn man sich also nur auf die Maximum Likelihood-Funktion bezieht:

$$V_{MLD,\beta} : (\ell, \lambda) \to \lim_{\beta \to 1} \sup_{\theta \in \Theta \ : \ \lambda(\theta) > \beta} \ell(\theta).$$

Das MLD-Kriterium ist eine Generalisierung der Maximum Likelihood-Schätzung, da in diesem Falle $V_{MLD,\beta} = L(\hat{P}_{ML}, d)$, das heißt, dass nur das Maximum Likelihood-Modell betrachtet wird und die optimale Entscheidung ist das Minimum davon (wenn bestimmte schwache Voraussetzungen erfüllt sind [Cattaneo, 2007, S.21]).
Problematisch ist das MLD-Kriterium, da die Likelihood-Funktionen in zwei Gruppen aufgeteilt werden, je nachdem, ob ihren Likelihood-Wert gleich oder ungleich 1 ist. All die Information, die in der Menge der Likelihood-Funktionen steckt, wird ignoriert und zugunsten der einfachen Handhabung nur eines Maximum Likelihood-Modells geopfert; zum Beispiel wird nicht berücksichtigt, ob es viele weitere Funktionen gibt, die einen ähnlichen, nur knapp darunter liegenden Wert haben oder nicht.

2.4.3 Decision Theory with likelihood uncertainty

Giang und Shenoy schlagen einen alternativen Weg vor, um anhand der Likelihood-Funktion Entscheidungen unter Unsicherheit treffen zu können [Giang and Shenoy, 2005].

Sie definieren eine erweiterte Likelihood-Funktion (*extended likelihood function*, ELF), die exakt der relativen Likelihood aus 2.3.1 entspricht:

$$Lik_x(\theta) = \frac{lik_x(\theta)}{\sup_{\theta \in \Theta} lik_x(\theta)} = \frac{lik_x(\theta)}{lik_x(\hat{\theta})} = \lambda_x(\theta) \text{ für } \theta \in \Theta.$$

mit $\hat{\theta}$ Maximum Likelihood-Schätzer von θ.
Im Falle der Untermenge $H \subseteq \Theta$ gilt:

$$Lik_x(H) = \sup_{\theta \in H} Lik_x(\theta).$$

15

Die erweiterte Likelihood kann auf $I \subseteq \Theta$ bedingt werden, wenn man zum Beispiel erfährt, dass der wahre Parameter sich darin befindet, sodass

$$Lik_x(H|I) = \frac{Lik_x(H \cap I)}{Lik_x(I)}$$

Daraus resultieren folgende Eigenschaften[22]: Die erweiterte Likelihood für den gesamten Parameterraum Θ ist $Lik_x(\Theta) = 1$. Die Likelihood der Vereinigungsmenge von zwei Untermengen H und I ist $Lik_x(H \cup I) = \max\{Lik_x(H), Lik_x(I)\}$; für $\bar{H}$ Komplementmenge von H gilt: $Lik_x(H \cup \bar{H}) = 1$, da $H \cup \bar{H} = \Theta$.

Giang und Shenoy beschreiben die Entscheidungssituation folgendermaßen: Das Tupel $(\Theta, U, \mathcal{F}, x, Lik)$ besteht aus dem Parameterraum Θ, der Menge der Preise U, deren Werte sich im Intervall $[0, 1]$ befinden, der Aktionenmenge $\mathcal{F} : \Theta \to U$, den beobachteten Daten x und der erweiterten Likelihood $Lik : 2^\Theta \to [0, 1]$. Anhand der vorhandenen Informationen werden Likelihood-Lotterien gebildet: $L(u) = Lik(f^{-1}(u))$ für $u \in U$ mit f^{-1} das inverse Abbild von $f : U \to [0, 1]$. $\mathcal{L}$ bezeichnet die Menge aller Lotterien; für diese gilt die Präferenzrelation $\succeq$[23] , sodass $\mathcal{L}(\succeq \subseteq \mathcal{L}^2)$[24]. Eine Lotterie hat die Form: $L \sim [\kappa_1/u_1, \kappa_2/u_2, \ldots, \kappa_r/u_r]$, wobei κ_i die Wahrscheinlichkeit für den Preis u_i bezeichnet[25].

Die Likelihood-Entscheidung des Problems lautet:

$$d^{Lik}(x) = \arg\sup_{a \in \mathcal{F}} \mathcal{QU}(L_a(x)),$$

$\mathcal{QU}$ ist hierbei ein Abbild der Lotteriemenge auf die Nutzenfunktion $\mathcal{U}$, $\mathcal{QU} : \mathcal{L} \to \mathcal{U}$, sodass die Elemente der Lotterie Werte zwischen 0 und 1 annehmen; $\mathcal{QU}$ wird auch erwarteter qualitativer Nutzen genannt. Die Transformation des Nutzens in eine kanonischen Lotterie erfolgt folgendermaßen: Der Nutzen u (oder der Verlust $l = 1 - u$) wird normiert, sodass der höchste Nutzen (bzw. Verlust) 1 beträgt. Dann wird für jeden monadischen Nutzen u einen binären Nutzen $\langle a, b \rangle$ kalkuliert, indem folgende Gleichung nach a und b aufgelöst wird:

$$\ln(\tfrac{u}{1-u}) = \ln(\tfrac{a}{b}) + \ln(\tfrac{p(\theta)}{1-p(\theta)})$$

als $p(\theta)$ die A-Priori-Wahrscheinlichkeit für θ, sollte sie bekannt sein, ansonsten nimmt sie den Wert 0.5 an und da $\ln(1) = 0$, spielt der Term in der Gleichung keine Rolle

---

[22]Diese Eigenschaften sind die gleichen, die das Möglichkeitsmaß ("possibility measure") aus der Possibility Theory [Zadeh, 1978] definieren.

[23]Die Indifferenzrelation $L_1 \sim L_2 \iff L_1 \succeq L_2$ & $L_2 \succeq L_1$ und die strikte Präferenzrelation $L_1 \succ L_2 \iff L_1 \succeq L_2$ & $L_2 \not\succeq L_1$ können aus $\succeq$ abgeleitet werden. $\succeq$ ist reflexiv, transitiv und vollständig.

[24]Eine ausführliche Diskussion der Axiome ist in [Giang and Shenoy, 2005] zu finden.

[25]Die Preise sind so geordnet, dass $u_1 \succeq u_2 \succeq \cdots \succeq u_r$ mit $u_1 \equiv \bar{u}$ dem besten und $u_r \equiv \underline{u}$ dem schlechtesten Preis. Eine Lotterie, die nur aus $\bar{u}$ und $\underline{u}$ besteht, heißt kanonisch: $L_c = [\kappa_1/\bar{u}, \kappa_2/\underline{u}]$; die Menge aller kanonischen Lotterien wird mit $\mathcal{L}_c$ bezeichnet.

mehr. Dabei ist $\max(a,b) = 1$, sodass man, um die Gleichung aufzulösen, a oder b gleich 1 setzt, sodass nur eine Unbekannte noch vorhanden ist und danach gelöst werden kann [Giang and Shenoy, 2005, 147].

Seien die Daten aus 2.1.1 gegeben; die Nutzentafel wird auf den Wertebereich [0,1] normiert[26]:

$u(d_i, \theta_i)$	θ_1	θ_2	θ_3
a_1	1	0.68	0
a_2	0.64	0.64	0.6

Der binäre Nutzen für $u = 1$ ist $\langle 1, 0 \rangle^{27}$, für $u = 0.68$ ist $\langle 1, .47 \rangle$ und für $u = 0$ lautet er $\langle 0, 1 \rangle$. Die Tabelle mit dem binären Nutzen sieht dann so aus:

$\langle a, b \rangle (d_i, \theta_i)$	θ_1	θ_2	θ_3
a_1	$\langle 1, 0 \rangle$	$\langle 1, .47 \rangle$	$\langle 0, 1 \rangle$
a_2	$\langle 1, .56 \rangle$	$\langle 1, .56 \rangle$	$\langle 1, .67 \rangle$

Aktion a_1 entspricht der Lotterie

$$L_{a_1}(x_1) = [1/\langle 1, 0 \rangle, \ .33/\langle 1, .47 \rangle, \ .17/\langle 0, 1 \rangle],$$

wobei die Zahl vor der binären Einheit immer die ELF[28] für θ_i gegeben x_1 ist.

Der erwartete qualitative Nutzen für L_{a_1} gegeben x_1 ist:

$$\begin{aligned}
\mathcal{QU}(L_{a_1}(x_1)) &= \max\{1/\langle 1, 0 \rangle, \ .33/\langle 1, .47 \rangle, \ .17/\langle 0, 1 \rangle\} \\
&= \max\{1\langle 1, 0 \rangle, \ .33\langle 1, .47 \rangle, \ .17\langle 0, 1 \rangle\} \\
&= \max\{\langle 1, 0 \rangle, \ \langle .33, .15 \rangle, \ \langle 0, .17 \rangle\} \\
&= \langle 1, .17 \rangle
\end{aligned}$$

Für $\mathcal{QU}(L_{a_2}(x_1))$ mit binärem Nutzen $\langle 1, .56 \rangle$ für $u = 0.64$ gilt analog:

$$\begin{aligned}
\mathcal{QU}(L_{a_2}(x_1)) &= \max\{1/\langle 1, .56 \rangle, \ .33/\langle 1, .56 \rangle, \ .17/\langle 1, .67 \rangle\} \\
&= \max\{\langle 1, .56 \rangle, \ \langle .33, .18 \rangle, \ \langle .17, .11 \rangle\} \\
&= \langle 1, .56 \rangle
\end{aligned}$$

Die präferierte Entscheidung gegeben x_1 ist also a_1, da $a_1 \succ_{x_1} a_2$.

---

[26]Indem allen Werten den kleinsten Wert, hier -15000, aufsummiert und danach durch den größten Wert geteilt wird.

[27]Die Gleichung lässt sich selbstverständlich nicht numerisch lösen, da 1/0 nicht definiert ist; für $\lim_{u \to 1}$ lässt sich jedoch zeigen, dass die Lösung $\langle 1, 0 \rangle$ ist.

[28]Siehe dazu die Tabelle in Anhang 3.4

Für x_2 gilt:

$$QU(L_{a_1}(x_2)) = \max\{.75/\langle 1,0\rangle, \ 1/\langle 1,.47\rangle, \ 1/\langle 0,1\rangle\}$$
$$= \max\{\langle .75,0\rangle, \ \langle 1,.47\rangle, \ \langle 0,1\rangle\}$$
$$= \langle 1,1\rangle$$

$$QU(L_{a_2}(x_2)) = \max\{.75/\langle 1,.56\rangle, \ 1/\langle 1,.56\rangle, \ 1/\langle 1,.67\rangle\}$$
$$= \max\{\langle .75,.42\rangle, \ \langle 1,.56\rangle, \ \langle 1,.67\rangle\}$$
$$= \langle 1,.67\rangle$$

$QU(L_{a_1}(x_2)) = \langle 1,1\rangle$, $QU(L_{a_2}(x_2)) = \langle 1,.67\rangle$, somit $a_2 \succ_{x_2} a_1$.

Gleiches wird für x_3 berechnet:

$$QU(L_{a_1}(x_3)) = \max\{.2/\langle 1,0\rangle, \ .8/\langle 1,.47\rangle, \ 1/\langle 0,1\rangle\}$$
$$= \max\{\langle .2,0\rangle, \ \langle .8,.38\rangle, \ \langle 0,1\rangle\}$$
$$= \langle .8,1\rangle$$

$$QU(L_{a_2}(x_3)) = \max\{.2/\langle 1,.56\rangle, \ .8/\langle 1,.56\rangle, \ 1/\langle 1,.67\rangle\}$$
$$= \max\{\langle .2,.11\rangle, \ \langle .8,.45\rangle, \ \langle 1,.67\rangle\}$$
$$= \langle 1,.67\rangle$$

$QU(L_{a_1}(x_3)) = \langle .8,1\rangle$, $QU(L_{a_2}(x_3)) = \langle 1,.67\rangle$, also $a_2 \succ_{x_3} a_1$.

Die Likelihood-Entscheidung nach dem Verfahren von Giang und Shenoy ist also $\delta_4 = (a_1, a_2, a_2)$. Nur für denn Fall, dass eine Steigung der Konjunktur erwartet wird, sollte die Investition getätigt werden, andernfalls lautet die Handlungsempfehlung, nicht zu investieren.

2.5 Relative Plausibility[29]

Die relative Plausibilität ist ein Maß, das die Unsicherheit der statistischen Modelle in $\mathcal{P}$ beschreibt und an dieser Stelle soll die relative Likelihood Anwendung finden, sodass wir die relative Plausibilität post-Data aktualisieren können.

Sei $(\Omega, \mathcal{F})$ ein Messraum und beschreibe die relative Plausibilität rp die Unsicherheit im Modell, nachdem $A \in \mathcal{F}$ beobachtet wurde. Wird nun ein neues Ereignis $B \in \mathcal{F}$ beobachtet, so wird die Information in die bedingte Likelihood $\lambda_{A \cap B} : P \to P(B|A)$ kodiert; die neue relative Plausibilität lautet dann: $rp^{\downarrow} \cdot \lambda_{A \cap B}$, da $P(A \cap B) = P(A) \cdot P(B|A)$[30]. rp_{pre} bezeichnet die relative Plausibilität von $\mathcal{P}$ ohne Kenntnis von A oder B; im Falle von vollständiger Unwissenheit nimmt rp_{pre} einen konstanten Wert $c \in \mathbb{R}_{>0}$ an, da in diesem Falle alle statistischen Modelle gleich plausibel sind.

---

[29]Aus [Cattaneo, 2005].
[30]Sind A und B unabhängig, so ist $P(B|A) = P(B)$.

Wichtig hierbei ist, die relative Plausibilität eines Modells nie für sich zu betrachten, sondern immer in Relation zu den Werten anderer Modelle: der Wert von $rp\{P\}$ hat allein keine Bedeutung, erst im Verhältnis zu einem anderen Modell, z.B. $\frac{rp\{P\}}{rp\{P_0\}}$, lassen sich Aussagen darüber treffen, welches der Modelle das plausiblere ist.

Hat man kein Vorwissen über $\mathcal{P}$, sei aber die Abbildung $T : \mathcal{P} \to \mathcal{T}$ bekannt mit der relativen Likelihood-Funktion f auf $\mathcal{T}$. Die Unwissenheit über $\mathcal{P}$ kann dadurch reduziert werden, indem die relative Plausibilität aus $f \circ T$, da das rp Verhältnis $\frac{rp\{P\}}{rp\{P_0\}}$ dann gleich dem Verhältnis $\frac{f \cdot [T\{P\}]}{f \cdot [T\{P_0\}]}$ für alle $P, P_0 \in \mathcal{P}$ ist.

2.6 Relative Plausibility und MPL

Das MPL-Kriterium ist robust gegenüber dem Hinzuziehen statistischer Modelle, die eine kleine relative Plausibilität aufweisen.

Sei $\mathcal{P}' \subseteq \mathcal{P}$, rp das relative Plausibilitätsmaß auf $\mathcal{P}$, L die Verlustfunktion von $\mathcal{P} \times \mathcal{D}$ und d die MPL-Entscheidung für $L : \mathcal{P}' \times \mathcal{D}$. Sei weiterhin

$$rp\{P\} \leq \frac{c}{L(P,d)} \text{ für alle } P \in \mathcal{P} \backslash \mathcal{P}' \text{ mit } c = \sup_{P' \in \mathcal{P}} rp\{\mathcal{P}'\} \cdot L\{\mathcal{P}', d\},$$

dann ist d die MPL-Entscheidung auch für das Entscheidungsproblem unter $\mathcal{P}$. Daraus folgt, dass man sich nicht nur auf die Menge $\mathcal{P}'$ beschränken muss, sondern durchaus größere Mengen in Betracht ziehen kann[31] und dass man die rp die A-Priori-Likelihood der verschiedenen Modelle beschreiben kann. Dabei können die Modelle in $\mathcal{P} \backslash \mathcal{P}'$ die MPL-Entscheidung d nur dann beeinflussen, wenn ihre relative Plausibilität groß genug ist.

---

[31]Selbst der gesamte Messraum $(\Omega, \mathcal{F})$ wäre denkbar.

References

[Barbarà and Jackson, 1988] Barbarà, S. and Jackson, M. (1988). Maximin, leximin, and the protective criterion: Characterizations and comparisons. *Journal of Economic Theory*, 46(1):34 – 44.

[Birnbaum, 1962] Birnbaum, A. (1962). On the foundations of statistical inference. *Journal of the American Statistical Association*, 57(298):269–306.

[Casella and Berger, 2002] Casella, G. and Berger, R. L. (2002). *Statistical inference*, volume 2. Duxbury Pacific Grove, CA.

[Cattaneo, 2005] Cattaneo, M. E. G. V. (2005). Likelihood-based statistical decisions. In F. G. Cozman, R. N. and Seidenfeld, T., editors, *Proceedings of the Fourth International Symposium on Imprecise Probabilities and Their Applications (ISIPTA) 2005*, pages 107–116.

[Cattaneo, 2007] Cattaneo, M. E. G. V. (2007). Statistical decisions based directly on the likelihood function. Doctoral thesis, ETH Zurich.

[Cattaneo, 2012] Cattaneo, M. E. G. V. (2012). Likelihood decision functions. Technical Report 128, Department of Statistics, University of Munich.

[Cattaneo, 2013] Cattaneo, M. E. G. V. (2013). Likelihood decision functions. *Electron. J. Statist.*, 7:2924–2946.

[Etner et al., 2012] Etner, J., Jeleva, M., and Tallon, J.-M. (2012). Decision theory under ambiguity. *Journal of Economic Surveys*, 26(2):234–270.

[Fisher, 1922] Fisher, R. A. (1922). On the mathematical foundations of theoretical statistics. *Philosophical Transactions of the Royal Society of London, A*, 222:309–368.

[Giang and Shenoy, 2005] Giang, P. H. and Shenoy, P. P. (2005). Decision making on the sole basis of statistical likelihood. *Artificial Intelligence*, 165(2):137 – 163.

[Held, 2008] Held, L. (2008). *Methoden der statistischen Inferenz*. Heidelberg: Spektrum Akademischer Verlag.

[Held and Bové, 2014] Held, L. and Bové, S. D. (2014). *Applied Statistical Inference*. Heidelberg: Springer.

[Huzurbazar, 1947] Huzurbazar, V. S. (1947). The likelihood equation, consistency and the maxima of the likelihood function. *Annals of Eugenics*, 14(1):185–200.

[Monahan, 2011] Monahan, J. F. (2011). *Numerical methods of statistics*. Cambridge University Press.

[Neyman and Scott, 1948] Neyman, J. and Scott, E. L. (1948). Consistent estimates based on partially consistent observations. *Econometrica: Journal of the Econometric Society*, 16:1–32.

[Pfohl and Braun, 1981] Pfohl, H.-C. and Braun, G. E. (1981). *Entscheidungstheorie: normative und deskriptive Grundlagen des Entscheidens.* Verlag Moderne Industrie.

[Rüger, 1999] Rüger, B. (1999). *Test- und Schätztheorie: Band I: Grundlagen.* Lehr- und Handbücher der Statistik. München: Oldenbourg.

[Zadeh, 1978] Zadeh, L. A. (1978). Fuzzy sets as the basis for a theory of possibility. *Fuzzy Sets and Systems*, 1:3–28.

3 Anhang

3.1 Beispiel

Verlusttabelle $l(d_i, \theta_i) = -u(d_i, \theta_i)$

$l(d_i, \theta_i)$	θ_1	θ_2	θ_3
a_1	-10000	-2000	15000
a_2	-1000	-1000	0

Beobachtete Daten

$P_{\theta_i}(\{X = x_i\})$	x_1	x_2	x_3
θ_1	0.6	0.3	0.1
θ_2	0.2	0.4	0.4
θ_3	0.1	0.4	0.5

Entscheidungsregeln

$\delta_j(x_i)$	δ_1	δ_2	δ_3	δ_4	δ_5	δ_6	δ_7	δ_8
x_1	a_1	a_1	a_1	a_1	a_2	a_2	a_2	a_2
x_2	a_1	a_1	a_2	a_2	a_1	a_1	a_2	a_2
x_3	a_1	a_2	a_1	a_2	a_1	a_2	a_1	a_2

Risikofunktion $R(\theta, d) = E_\theta[L(\theta, d(X = x_1))]$

$R(\theta, d(x_1))$	θ_1	θ_2	θ_3
a_1	-6000	-400	1500
a_2	-600	-200	0

Risikofunktion $R(\theta, d) = E_\theta[L(\theta, d(X = x_2))]$

$R(\theta, d(x_2))$	θ_1	θ_2	θ_3
a_1	-3000	-800	6000
a_2	-300	-400	0

Risikofunktion $R(\theta, d) = E_\theta[L(\theta, d(X = x_3))]$

$R(\theta, d(x_3))$	θ_1	θ_2	θ_3
a_1	-1000	-800	7500
a_2	-100	-400	0

3.2 Berechnungen für Bayes-Entscheidung ohne Daten

$B(a_1) = \sum_{i=1}^{3} L(\theta_i, a_1) \cdot P(\theta_i) = (-10000) \cdot 0.5 + (-2000) \cdot 0.3 + (15000) \cdot 0.2 = -2600$
$B(a_2) = \sum_{i=1}^{3} L(\theta_i, a_2) \cdot P(\theta_i) = (-1000) \cdot 0.5 + (-1000) \cdot 0.3 + (0) \cdot 0.2 = -800.$

3.3 Berechnungen für Bayes-Entscheidung bei Daten

$B(d) = \int_{\theta}^{\Theta} R(\theta, d) \cdot \pi(\theta) \, d\theta = \int_{\theta}^{\Theta} \int_{\mathcal{X}} L(\theta, d(\mathbf{x})) f(\mathbf{x}|\theta) \, d\mathbf{x} \cdot \pi(\theta) \, d\theta.$

Für $X = x_1$:
$B_{x_1}(a_1) = \sum_{i=1}^{3} R(\theta_i, a_1) \cdot P(\theta_i) = (-6000) \cdot 0.5 + (-400) \cdot 0.3 + (1500) \cdot 0.2 = -2820$
$B_{x_1}(a_2) = \sum_{i=1}^{3} R(\theta_i, a_2) \cdot P(\theta_i) = (-600) \cdot 0.5 + (-200) \cdot 0.3 + (0) \cdot 0.2 = -360.$

Für $X = x_2$:
$B_{x_2}(a_1) = \sum_{i=1}^{3} R(\theta_i, a_1) \cdot P(\theta_i) = (-3000) \cdot 0.5 + (-800) \cdot 0.3 + (6000) \cdot 0.2 = -540$
$B_{x_2}(a_2) = \sum_{i=1}^{3} R(\theta_i, a_2) \cdot P(\theta_i) = (-300) \cdot 0.5 + (-400) \cdot 0.3 + (0) \cdot 0.2 = -420.$

Für $X = x_3$:
$B_{x_3}(a_1) = \sum_{i=1}^{3} R(\theta_i, a_1) \cdot P(\theta_i) = (-1000) \cdot 0.5 + (-800) \cdot 0.3 + (7500) \cdot 0.2 = 760$
$B_{x_3}(a_2) = \sum_{i=1}^{3} R(\theta_i, a_2) \cdot P(\theta_i) = (-100) \cdot 0.5 + (-400) \cdot 0.3 + (0) \cdot 0.2 = 170.$

3.4 Berechnungen fürs MPL-Kriterium

Relative Likelihood:

$P_{\theta_j}(\{X = x_i\})$	x_1	x_2	x_3
$\lambda_{x_i}(\theta_1)$	1	0.75	0.2
$\lambda_{x_i}(\theta_3)$	0.33	1	0.8
$\lambda_{x_i}(\theta_3)$	0.17	1	1

$V_{MPL,\alpha=1}(a_1|X = x_1) = \sum_{i=1}^{3} L(\theta_i, d(x_i)) \cdot \lambda_{x_1}(\theta_i) = (-10000) \cdot 1 + (-2000) \cdot 0.33 + 15000 \cdot 0.17 = -8110$
$V_{MPL,\alpha=1}(a_2|X = x_1) = \sum_{i=1}^{3} L(\theta_i, d(x_i)) \cdot \lambda_{x_1}(\theta_i) = (-1000) \cdot 1 + (-1000) \cdot 0.33 + 0 \cdot 0.17 = -1330$

$V_{MPL,\alpha=1}(a_1|X = x_2) = \sum_{i=1}^{3} L(\theta_i, d(x_i)) \cdot \lambda_{x_1}(\theta_i) = (-10000) \cdot 0.75 + (-2000) \cdot 1 + 15000 \cdot 1 = 5500$
$V_{MPL,\alpha=1}(a_2|X = x_2) = \sum_{i=1}^{3} L(\theta_i, d(x_i)) \cdot \lambda_{x_1}(\theta_i) = (-1000) \cdot 0.75 + (-1000) \cdot 1 + 0 \cdot 1 = -1750$

$V_{MPL,\alpha=1}(a_1|X = x_3) = \sum_{i=1}^{3} L(\theta_i, d(x_i)) \cdot \lambda_{x_1}(\theta_i) = (-10000) \cdot 0.2 + (-2000) \cdot 0.8 + 15000 \cdot 1 = 11400$
$V_{MPL,\alpha=1}(a_2|X = x_3) = \sum_{i=1}^{3} L(\theta_i, d(x_i)) \cdot \lambda_{x_1}(\theta_i) = (-1000) \cdot 0.2 + (-1000) \cdot 0.8 + 0 \cdot 1 = -1000$